天气播报员

[西班牙] 大卫·帕罗马　著　　[西班牙] 路易斯·费雷拉　绘

张雪玲　译

哈尔滨出版社
H.P.H
HARBIN PUBLISHING HOUSE

黑版贸审字08-217-013号

图书在版编目（CIP）数据

天气播报员 ／（西）大卫·帕罗马著；（西）路易斯·
费雷拉绘；张雪玲译.—哈尔滨：哈尔滨出版社，2018.6
　　（数学趣味故事）
　　ISBN 978-7-5484-3832-8

　　Ⅰ.①天… Ⅱ.①大… ②路… ③张… Ⅲ.①数学－
少儿读物 Ⅳ.①O1-49

中国版本图书馆CIP数据核字（2018）第 002232 号

Title of the original edition: EL HOMBRE DEL TIEMPO
Originally published in Spain by edebé, 2009
www.edebe.com

书　　名：**天气播报员**

作　者：〔西〕大卫·帕罗马　著　　〔西〕路易斯·费雷拉　绘
译　者：张雪玲
责任编辑：马丽颖　孙　迪
封面设计：小萌虎文化设计部：李心怡

出版发行　哈尔滨出版社（Harbin Publishing House）
社　　址：哈尔滨市松北区世坤路738号9号楼　　邮编：150028
经　　销：全国新华书店
印　　刷：吉林省吉广国际广告股份有限公司
网　　址：www.hrbcbs.com　　www.mifengniao.com
E-mail：hrbcbs@yeah.net
编辑版权热线：（0451）87900271　87900272
销售热线：（0451）87900202　87900203
邮购热线：4006900345　（0451）87900256

开　　本：710mm×1000mm　　1/24　　印张：1.5　　字数：5千字
版　　次：2018年6月第1版
印　　次：2018年6月第1次印刷
书　　号：ISBN 978-7-5484-3832-8
定　　价：26.80元

　　从前，在一座高山顶上坐落着一个规模很小的村落。人们要沿着一条极其狭窄的道路才能到达这里。

大家费了九牛二虎之力来到村庄
以后，会发现这里只有一条街道和两
栋房子：一栋房子是女市长家，另一
栋房子是牧羊人家。

3

女市长身材纤瘦，脖子上总是围着围巾。
她总是说："这个村子简直冻死人了！"

牧羊人先生身材较胖，身上总是穿一件衬衫，敞着怀。
他总是说："这个村子简直热死人了！"

然而有一天，一位天气播报员
不知从何处来到了这个坐落于高山
顶上的小村子。他就是那种出现在
电视上播报天气预报的主持人。

　　天气播报员先生来到这里并不是为了度假休闲，而是来工作的。他花了六个月的时间用地图和温度计测来测去，又用了六个月的时间专心观察天空和云朵。

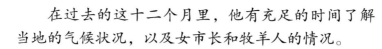

在过去的这十二个月里，他有充足的时间了解
当地的气候状况，以及女市长和牧羊人的情况。

9

　　最终有一天，天气播报员先生对二位说："市长女士、牧羊人先生，贵村落只有两个季节——冬季和夏季，你们缺少了世界上许多地方都有的春季和秋季。"

女市长双手叉腰问道："那我得给谁写信申请增加这两个季节呢？世界上大部分地区都有四个季节，我不明白为什么我这儿只有两个。"

13

　　天气播报员耸了耸肩，地图和温度计可没法给她满意的答案。

　　他唯一知道的是，此前在另外一个遥远的村庄里，有人给过他一个秘诀："如果想得到春天和秋天，你们应当收集七滴雨水和七片玫瑰花瓣，在每片玫瑰花瓣上放一滴雨水，保持七天。"

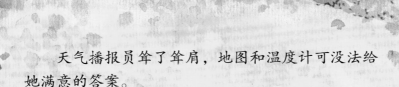

15

听了天气播报员的建议后，女市长和牧羊人先生迅速达成了一致。市长女士负责寻找七滴雨水，牧羊人负责收集七片玫瑰花瓣，而播报员则适时帮助他们。

一天傍晚，小村子上空乌云密布，仿佛风暴即将来袭。女市长手持塑料袋，在屋檐下等候多时了。一开始只下了四滴雨，但是幸运的是，过了一会儿又下了四滴，女市长开心地放走多余的一滴雨水。

同一天，在村子的另一头，牧羊人从天气播报员那里得知其他村子里已经有花朵含苞待放，泉水汩汩涌出，空气里弥漫着音乐的旋律。听罢他立即跑向山脚下，完成他的使命。

18

牧羊人在峡谷深处找到了一枝有十片花瓣的娇艳欲滴的玫瑰。他小心翼翼地拔除三片花瓣，尽量保持剩下七片花瓣的完整。

女市长和牧羊人借助滴管和花瓶，将雨水分别滴在花瓣上，就这样连续保持了七个晚上。天气播报员则在一旁，保证一切步骤合乎规定。

21

　　信不信由你，在完成了以上步骤之后，春季和秋季果然如约降临到了这个山顶的小村落中。冬去春来，夏去秋至。

现在，女市长只在极其寒冷的时候佩戴围巾，牧羊人也只需在酷暑难耐的日子解开衬衫扣子了。

24

在春季和秋季，每当他们出门在村子的街道散步时，都会碰见。他们互相祝贺道："咱们村子的天气终于正常了！"

就在同一天，天气播报员先生出现在了电视上："亲爱的观众朋友们，明天的气温和所在季节是一致的。"

27

数学趣味故事

数学趣味故事丛书里面的每个故事都围绕一个数学内容展开，故事讲述和数学教育浑然一体，让读者能自然而然、饶有兴趣地理解。少年儿童可以在阅读的过程中，潜移默化地吸收知识。

为了达到这种寓教于乐的效果，我们邀请了杰出的儿童文学作家、插图画家和数学教育专家。

《天气播报员》这个故事主要教给孩子们**加法和减法**。该内容对于正处于小学一年级的学生们来说尤为适合，孩子们在设身处地地体会主人公的情况时，也在进行着数学运算。另外，本故事也传达了**环境教育**的理念以及**男女机会平等的观念**。